西北区域气候变化评估报告:2020

决策者摘要

《西北区域气候变化评估报告:2020》编写委员会　编

气象出版社
China Meteorological Press

图书在版编目(CIP)数据

西北区域气候变化评估报告：2020 决策者摘要 /《西北区域气候变化评估报告：2020》编写委员会编. —北京：气象出版社，2021.7

ISBN 978-7-5029-7454-1

Ⅰ.①西… Ⅱ.①西… Ⅲ.①气候变化-研究报告-西北地区-2020 Ⅳ.①P468.24

中国版本图书馆 CIP 数据核字(2021)第 101210 号

西北区域气候变化评估报告:2020 决策者摘要

Xibei Quyu Qihou Bianhua Pinggu Baogao:2020 Juecezhe Zhaiyao

出版发行：气象出版社
地　　址：北京市海淀区中关村南大街 46 号　　**邮政编码**：100081
电　　话：010-68407112(总编室)　010-68408042(发行部)
网　　址：http://www.qxcbs.com　　**E-mail**：qxcbs@cma.gov.cn
责任编辑：陈　红　　**终　　审**：吴晓鹏
责任校对：张硕杰　　**责任技编**：赵相宁
封面设计：艺点设计
印　　刷：北京建宏印刷有限公司
开　　本：889 mm×1194 mm　1/16　　**印　　张**：2
字　　数：45 千字
版　　次：2021 年 7 月第 1 版　　**印　　次**：2021 年 7 月第 1 次印刷
定　　价：30.00 元

主要作者

马鹏里　兰州区域气候中心
王有恒　兰州区域气候中心
杨金虎　兰州区域气候中心
刘彩红　青海省气候中心
李　茜　陕西省气候中心
方　锋　兰州区域气候中心
刘卫平　兰州区域气候中心
韩兰英　兰州区域气候中心
朱　飙　兰州区域气候中心
韩　涛　兰州区域气候中心
林婧婧　兰州区域气候中心
赵红岩　兰州区域气候中心

评审专家

丁一汇　国家气候中心
任国玉　国家气候中心
刘洪滨　国家气候中心
杜尧东　广东省气候中心
居　辉　中国农业科学院农业环境与可持续发展研究所
袁佳双　中国气象局科技与气候变化司
巢清尘　国家气候中心
翟盘茂　中国气象科学研究院
吴绍洪　中国科学院地理科学与资源研究所
孙　洪　中国21世纪议程管理中心

序　言

当前全球气候系统正经历着以变暖为主要特征的显著变化，气候风险持续上升，对全球经济社会发展造成深远影响。同时，世界百年未有之大变局正进入加速演变期，全球性挑战日益上升，气候治理进程更加复杂。中国人口众多，气候条件复杂，生态环境脆弱，极易受到气候变化的不利影响。中国政府高度重视应对气候变化工作，采取强有力的政策措施，在有效控制温室气体排放、增强适应气候变化能力等领域取得了积极成效。2020 年 9 月 22 日，习近平主席在第 75 届联合国大会一般性辩论上提出“中国将提高国家自主贡献力度，采取更加有力的政策和措施，二氧化碳排放力争 2030 年前达到峰值，努力争取 2060 年前实现碳中和”，更加坚定了中国走绿色低碳道路的信心和决心。

科学评估并准确辨识气候变化及其影响，是应对气候变化工作的基础。中国气象局作为基础性科技部门，先后两次组织开展了区域气候变化评估报告编制工作。第二次区域气候变化评估工作于 2017 年启动，覆盖华北、东北、华东、华中、华南、西南、西北和新疆八个区域，力求在区域层面更加详尽地反映国内气候变化最新研究进展，提升区域应对气候变化科技支撑能力。

西北区域地处欧亚大陆腹地，地域辽阔，资源丰富，是全国打赢脱贫攻坚战，全面建成小康社会和实现高质量发展的重要支撑。“一带一路”“陆海贸易新通道”“新西部大开发”等国家战略的相继推进，为西北区域经济发展提供了新的契机。西北区域同时也是气候变化敏感区和生态环境脆弱区，是我国西部生态屏障区，近年来，在全球变暖背景下，气候暖湿化特征明显，气象灾害风险加剧，防灾减灾形势严峻，城市发展与节能减排、低碳发展与适应气候变化等面临更大挑战。

在甘肃省、陕西省、青海省和宁夏回族自治区气象部门科技人员的共同努力下，历时三年完成的《西北区域气候变化评估报告：2020　决策者摘要》即将付梓出版。决策者摘要分析了西北区域气候变化的基本事实和未来趋势，评估了气候变化对祁连山、三江源、西北黄土高原生态环境的影响，提出了应对策略和措施选择，以期为促进区域经济社会可持续发展，切实发挥气象部门保障作用。在此，我将本决策者摘要推荐给各级政府决策部门、科技人员以及关心区域气候与环境问题的广大读者，并向为决策者摘要出版做出贡献的科技人员表示衷心感谢！

中国气象局党组书记、局长　庄国泰

2021年1月

目　录

1 引 言

1.1 意义、范围和结构

根据政府间气候变化专门委员会(IPCC)第五次评估报告,1880—2012 年全球地表温度上升约 0.85℃。百年尺度上中国的增温趋势与全球基本一致。我国政府对气候变化的影响高度重视,2007 年、2011 年和 2015 年相继三次发布了《气候变化国家评估报告》,对我国气候变化事实、未来趋势与影响做了综合分析和评估。

西北区域(甘肃省、陕西省、青海省、宁夏回族自治区)作为气候变化敏感区和生态环境脆弱区,其气候变化一直是社会各界关注的重点,甘肃、陕西、青海、宁夏四省(区)气象局于 2012 年共同完成并发布了第一次《西北区域气候变化评估报告》,为应对气候变化,开发利用气候资源提供了重要的科技支撑,目前距第一次《西北区域气候变化评估报告》的编写已经 9 年,西北区域气候变化呈现出一些新特征,学界对西北区域气候变化也有了新认识,党的十九大就生态文明建设和美丽中国也做出了新部署。在中国气象局的统一部署下,于 2017 年启动了《西北区域气候变化评估报告:2020》(以下简称《报告》)的编写工作。《报告》在对西北区域气候变化进一步分析的基础上,科学评估了气候变化对典型区域生态环境的影响,并对未来气候变化及可能风险进行了预估,旨在为政府和有关部门科学制定未来发展规划提供技术支撑。

《西北区域气候变化评估报告:2020　决策者摘要》(以下简称《决策者摘要》,SPM)是根据《报告》主要结论进一步凝练而成,结论依据来源于《报告》的相关章节。《决策者摘要》共分 6 章,第 1 章为引言;第 2～3 章分析了西北区域气候变化基本事实,并对未来气候变化及气象灾害风险进行了预估;第 4～6 章评估了气候变化对祁连山、三江源、西北黄土高原生态环境的影响,并提出了可供选择的气候变化适应措施和建议。段落后“{ }”中的内容分别表示详细内容在《报告》中的章节出处,本《决策者摘要》中的图表序号。

1.2 资料和方法

(1)资料

①观测资料:西北区域141个气象站点1961—2017年的逐日平均气温、平均最高气温和平均最低气温、降水量、相对湿度、日照时数以及冰雹和沙尘暴发生频次,风速资料由于仪器更换使得1970年前、后不连续,因此,采用了1971—2017年的资料。观测资料距平值是相对于1971—2010年平均值的差值;

②模式资料:国家气候中心提供的1980—2100年区域气候模式(RegCM4.4)RCP4.5情景下模拟和预估结果,预估资料距平值是相对于1986—2005年平均值的差值。

(2)评估方法

《决策者摘要》利用线性趋势估计、相关性检验、多项式拟合等统计方法进行了气候变化事实分析;采用降尺度技术和线性趋势估计对未来气候变化趋势进行了预估;通过文献查阅、实地调查及线性趋势估计评估了气候变化对典型区域生态环境的影响。共引用了截至2017年公开发表的500多篇文献。

专栏1:不确定性和信度说明
在气候变化研究和评估过程中,不确定性的表述方式一般归纳为两类,第一类是半定量或定性表述,即基于多源数据或结论,给出对应于评估结果及其可靠性的判断;第二类是采用量化指标进行定量表述,即除了给出估算的数值外,还给出利用统计方法计算得到的该数值的置信区间,其中置信区间体现着该数值的不确定性。 参考IPCC第五次评估报告和相关研究,本报告对不确定性的表述主要采用第一类方法,即基于证据的类型、数量、质量和一致性(如对机理的认识、理论、数据、模式、专家判断),以及反映学术界共识的程度,以高信度、中等信度、低信度表示评估结论的可靠性。

2 气候变化观测事实

2.1 基本气候要素变化

区域呈一致的增暖趋势，冬季增速更快（高信度）。从区域整体来看，1961—2017 年平均气温以每 10 年 0.29 ℃的速率升高，其中 20 世纪 90 年代增加显著，21 世纪初有所减缓，2010 年以后又显著增加。分季节来看，春、夏、秋季增温较缓，增加率分别为每 10 年 0.12 ℃、0.11 ℃、0.17 ℃，冬季增温非常显著，增加率为每 10 年 0.60 ℃。从空间变化来看，1961—2017 年区域呈一致的增温趋势，但也存在区域性差异，增加率大于每 10 年 0.3 ℃的区域位于青海、甘肃河西走廊、甘南、陇中北部、陇东和宁夏，其余区域在每 10 年 0.1～0.3 ℃，总体来看，黄河以东增温率（每 10 年 0.27 ℃）明显小于黄河以西（每 10 年 0.36 ℃）（高信度）。{2.2，图 SPM. 1(a)，图 SPM. 2(a)}

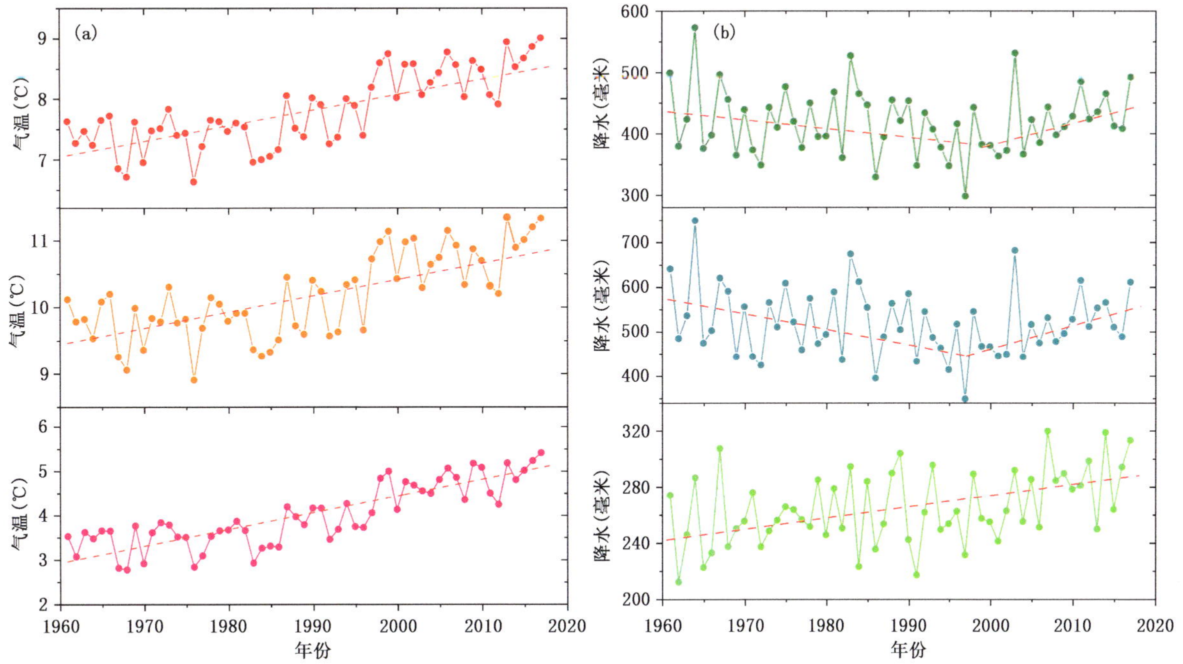

图 SPM. 1　西北整体(上)及东部(中)、西部(下)年平均气温(a)和降水(b)变化趋势

(虚线为线性拟合线)

1961 年以来降水呈西增东减的变化特征,但近 20 年来区域呈一致增加趋势(高信度)。 从区域整体来看,1961—2017 年降水变化趋势不明显,其中 20 世纪 60 年代初期至 90 年代后期以每 10 年 16 毫米的速率减少,90 年代末期以后以每 10 年 28 毫米的速率增多,2011 年以来的年降水总量同 60 年代初期基本持平。分季节来看,冬、夏两季增多,春、秋两季减少。从空间变化来看,1961 年以来大致以黄河为界呈西增东减的跷跷板变化特征,其中黄河以西 1961—2017 年以每 10 年 6.4 毫米的速率增多,黄河以东 1961—1997 年以每 10 年 26 毫米的速率减少,1998 年以后以每 10 年 35 毫米的速率增加,2011 年以来的年降水总量仍未超过 20 世纪 60 年代(高信度)。{2.3,图 SPM.1(b),图 SPM.2(b)}

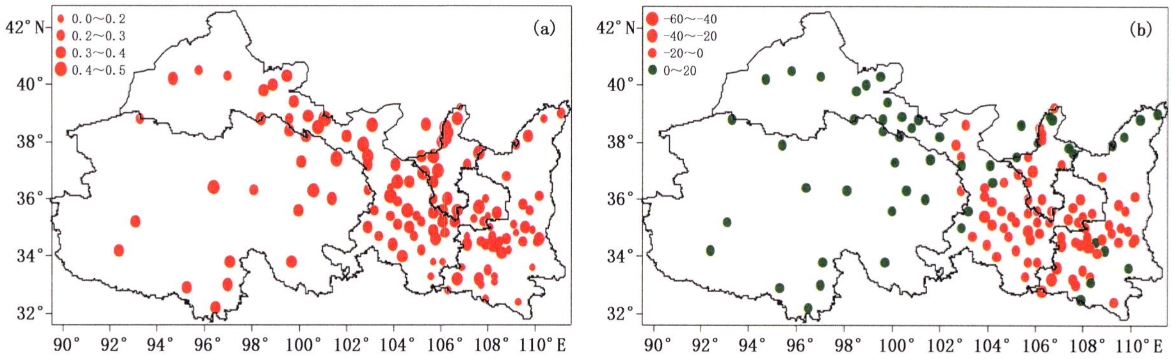

图 SPM.2 1961—2017 年西北区域温度(a)与降水(b)变化率空间分布(单位:℃/10 年;毫米/10 年)

相对湿度、日照时数及风速均呈减少趋势(高信度)。 1961—2017 年相对湿度整体呈减少趋势,减少率为每 10 年 0.41%,从空间变化来看,除青海柴达木盆地,甘肃河西西部、陇中北部、陇南,陕南呈增加趋势外,其他区域呈减少趋势。1961—2017 年平均日照时数整体呈减少趋势,减少率为每 10 年 18.4 小时,从空间变化来看,青海东南部,甘肃河西中东部、甘南大部和庆阳北部,宁夏中南部,陕北南部呈明显增加趋势,增加率为每 10 年 10~40 小时,青海北部,甘肃河西西部、陇中和陇南大部,宁夏北部,陕北北部、关中、陕南呈明显减少趋势,减少率为每 10 年 30~70 小时。1971—2017 年平均风速区域整体呈减少趋势,其中 1971—1982 年减少趋势显著,21 世纪初以来变化趋势不明显(高信度)。{2.4,2.5,2.6}

2.2 极端天气气候事件变化

干旱呈弱减少趋势,20 世纪 90 年代中期以来减少明显(高信度)。 干旱是西北地区的主要气候特点,平均每年发生干旱 87 天,1961—2017 年,干旱总体呈弱减少趋势,减少率为每 10 年 2 天,不过 20 世纪 90 年代中期以来以每 10 年 25 天的速率显著减少。从轻、中、重及特旱发生频率来看,20 世纪 60 年代重、特旱发生频率较高,90 年代轻、中旱发生频率较高(高信度)。{3.3.1,表 SPM.1}

极端降水总体呈增加趋势,20 世纪 90 年代以来更显著(高信度)。 1961—2017 年暴雨总体呈增加趋势，增加率为每 10 年 1.8 站次，其中 20 世纪 70 年代初期到 80 年代中期是多发时段，80 年代中期到 90 年代中期是少发时段，90 年代中后期以后明显增多。1961—2017 年极端降水事件呈增多趋势，增加率为每 10 年 0.9 站次，20 世纪 80 年代发生频次较少，60—70 年代及 2005 年以来发生频次较多(高信度)。{3.3.5，表 SPM.1}

表 SPM.1　极端天气气候事件变化

极端事件	常年平均值	变化率	是否通过 0.05 显著性水平
干旱	87 天	−2.0 天/10 年	否
暴雨	71 站次	1.8 站次/10 年	否
极端降水	15 站次	0.9 站次/10 年	否
冰雹	1.8 天	−0.4 天/10 年	是
极端高温	18 站次	7.2 站次/10 年	是
极端低温	24 站次	−5.0 站次/10 年	否
大风	14.7 天	−2.0 天/10 年	是
沙尘暴	1.9 天	−1.0 天/10 年	是

冰雹呈减少趋势，20 世纪 80 年代中期以来尤为明显(高信度)。1961—2017 年冰雹呈减少趋势，减少率为每 10 年 0.4 天，20 世纪 60—80 年代为冰雹多发时段，90 年代以来呈持续减少趋势，特别是 2003 年以来冰雹偏少 1 天以上。从空间变化来看，祁连山东段、甘南、青海东部和南部、宁夏东部呈明显减少趋势，青海清水河减幅最大，减少率为每 10 年 4.4 天，青海杂多次之，减少率为每 10 年 3.6 天，其余区域减少率小于每 10 年 0.4 天(高信度)。{3.3.4，表 SPM.1}

极端高温增加，极端低温减少，20 世纪 90 年代中期以来尤为明显(高信度)。1961—2017 年极端高温事件整体呈增多趋势，增加率为每 10 年 7.2 站次，20 世纪 70 年代中期至 90 年代前期偏少，90 年代中期以后明显增多。从空间变化来看，陕西关中一带呈减少趋势，其余区域呈增加趋势。极端低温事件整体呈减少趋势，减少率为每 10 年 5 站次，20 世纪 60 至 70 年代中期发生频次较多，之后明显减少。从空间变化来看，34°N 以北大部区域呈增加趋势，而 34°N 以南基本呈减少趋势(高信度)。{ 3.3.6，3.3.7，表 SPM.1}

大风呈明显减少趋势(高信度)。1971—2017 年大风整体呈明显减少趋势，减少率为每 10 年 2 天，不过近 10 年来变化趋势不明显。从空间变化来看，青海西部、祁连山东段呈增加趋势，增加率为每 10 年 0.1～5.5 天，其中甘肃乌鞘岭增幅最大，增加率为每 10 年 5.5 天，青海沱沱河次之，增加率为每 10 年 5.3 天，甘肃河西西北部、青海中部和东部减少趋势明显，减少率为每 10 年 4.1～15.6 天，其中青海西宁减幅最大，减少率为每 10 年 15.6 天，甘肃瓜州次之，减少率为每 10 年 14.3 天，其余区域减少率为每 10 年 0.1～4.0 天(高信度)。{3.3.2，表 SPM.1}

沙尘暴呈显著减少趋势(高信度)。1961—2017 年沙尘暴整体呈显著减少趋势，减少率为每 10 年 1 天，不过近 10 年来减少相对缓慢。从空间变化来看，除青海冷湖呈增加趋势外，其余大部呈减少趋势，减少率为每 10 年 0～7.2 天，其中甘肃河西走廊、宁夏北部、陕西北部和青海西南部减少率大于每 10 年 2 天，甘肃民勤减幅最大，减少率为每 10 年 7.2 天，陕西定边次之，减少率为每 10 年 6.3 天（高信度）。{3.3.3，表 SPM.1}

3 未来气候变化和风险

3.1 未来气候变化趋势

未来气温显著升高(中等信度)。预计到2098年,西北区域平均气温整体继续呈显著升高趋势,变化率为每10年0.35 ℃。与1986—2005年平均值相比,2020—2049年增幅1.55 ℃,2050—2069年增幅2.61 ℃,2070—2098年增幅3.33 ℃(中等信度)。{5.3.2,图SPM.3(a)}

未来降水呈波动变化(中等信度)。预计到2098年,西北区域降水整体呈波动变化,没有明显的长期趋势,变化率仅为每10年0.3%,与1986—2005年平均值相比,2020—2098年增幅10.5%。具体来看,2020—2039年、2060—2069年及2085—2098年增加,2040—2059年和2070—2084年减少(中等信度)。{5.3.2,图SPM.3(a)}

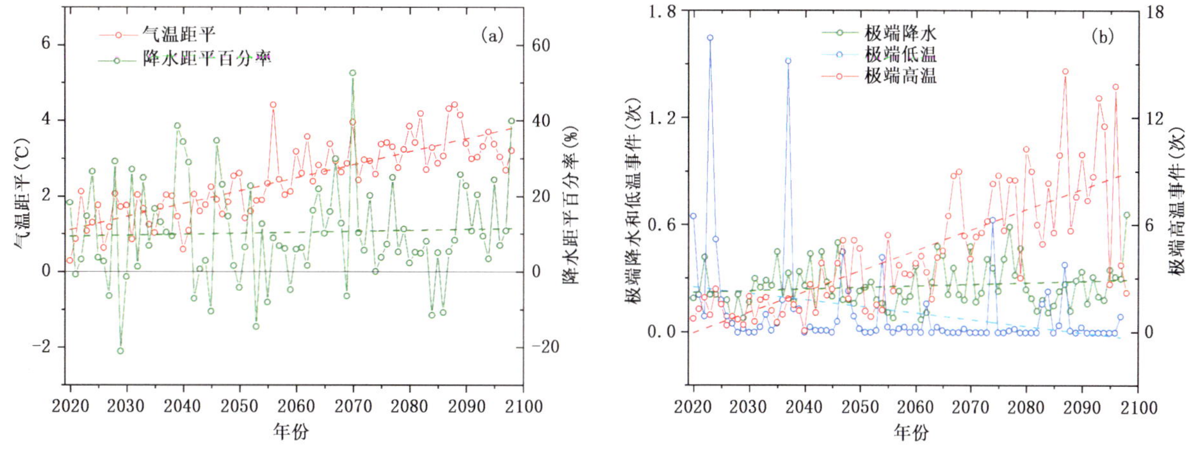

图SPM.3 2020—2098年西北区域气温、降水(a)和极端高温、极端低温、极端降水事件(b)变化(直线为线性拟合线)

专栏 2：排放情景和气候模式说明

1. 排放情景

利用气候模式预估未来全球和区域气候变化，需要基于对未来温室气体、气溶胶和化学活性气体的浓度以及土地利用/土地覆盖状况的估算，即排放情景。排放情景源于一系列对未来全球经济社会发展路径的假设，涵盖人口增长、经济发展、技术进步、环境变化、全球化、公平原则等方面。典型浓度路径（RCP）即由多种未来发展路径构建的排放情景系列之一，其中 RCP2.6 代表低排放情景——有三分之二可能性将 21 世纪末全球变暖控制在 2.0 ℃以内（与工业化前相比，下同）；RCP8.5 代表高排放情景——全球不采取任何应对气候变化政策措施，从而导致大气中温室气体浓度持续大幅增长，到 21 世纪末全球变暖程度可能达到 3.2～5.4 ℃；RCP4.5 和 RCP6.0 代表中等排放情景，对应于中等温室气体排放，到 21 世纪末全球变暖程度分别为 1.7～3.2 ℃和 2.0～3.7 ℃。本次评估主要采用 RCP4.5 中等排放情景。

2. 气候模式

根据基本的物理定律，确定能够反映气候系统中各个分量演变特征的数学方程组，并将其在计算机上实现程序化后，就构成了气候模式。气候模式可以用来描述气候系统、系统内部各个组成部分及各个部分之间、各个部分内部子系统之间复杂的相互作用，已经成为认识气候系统行为和预估未来气候变化的定量化研究工具。

3. 共享社会经济路径（SSPs）

SSPs 反映了不同发展路径的选取对社会经济的影响，可以动态描述气候变化影响、适应和减缓的综合联系。SSP1 是一个实现可持续发展、气候变化挑战较低的路径。SSP2 是中间路径，面临中等气候变化挑战。SSP3 是区域竞争路径，面临高的气候变化挑战。SSP4 是不均衡路径，以适应气候变化挑战为主。SSP5 是一个以传统化石燃料为主的发展路径，以减缓气候变化挑战为主。

3.2　未来极端天气气候事件变化和气候灾害风险

未来极端高温事件显著增多，高温风险明显增大（中等信度）。预计 2020—2098 年西北区域极端高温事件整体呈显著增多趋势，变化率为每 10 年 1.2 次，2020—2069 年年际变率较小，2070—2098 年较大。与 1986—2005 年平均值相比，2020—2049 年增加 1.8 次，2050—2069 年增加 4.0 次，2070—2098 年增加 7.6 次。随着极端高温事件的显著增多，有效温度普遍升高，暴露在炎热下的人口大幅增加，每年有 2 个月以上舒适天气的人数到 21世纪末将减少至当前的 55%，高温风险明显增大（中等信度）。{5.4.2，5.5.1，图 SPM. 3(b)}

未来极端低温事件明显减少，但低温灾害风险增大(中等信度)。 预计 2020—2098 年西北区域极端低温事件整体呈减少趋势，2050 年以后除了个别年份外，大多数年份很少出现极端低温事件。不过由于温度的显著升高，农作物耐寒性明显下降，尽管极端低温事件明显减少，但农业遭受低温冻害的风险仍将增大，2020—2098 年农业低温灾害综合损失率将增加 0.79%，其中 21 世纪 50 年代之前将增加显著，之后将增加缓慢，21 世纪末将增加到 2.57%(中等信度)。{5.4.2,6.7,图 SPM.3(b)}

未来极端降水事件没有明显趋势变化，但洪涝灾害风险增大(中等信度)。 预计 2020—2098 年西北区域极端降水事件呈波动变化，没有明显趋势变化，但农业遭受洪涝灾害的风险仍将增大，2020—2098 年农业洪涝灾害综合损失率增加 1.31%，其中 21 世纪 40 年代之前增加显著，之后增加缓慢，21 世纪末增加到 3.0%(中等信度)。{5.4.2,6.7,图 SPM.3(b)}

未来农业需水量增加，干旱风险增大(中等信度)。 预计西北区域未来农业需水量将显著增加，中等排放情景下在 2020—2045 年和 2046—2075 年，主要农作物的年均灌溉需水量分别达到 370.2 亿～372.7 亿立方米和 371.5 亿～388.9 亿立方米，比 1971—2000 年的灌溉需水量增加 42.7 亿～61.5 亿立方米。2020—2098 年农业干旱灾害综合损失率增加 4.71%，其中 21 世纪 50 年代之前增加显著，之后增加缓慢，21 世纪末增加到 12.82%(中等信度)。{5.5.2,6.7}

4

气候变化对祁连山生态环境的影响

祁连山位于青藏高原东北边缘，横跨甘肃、青海两省，全长约 850 千米，最宽处约 300 千米，东起乌鞘岭，西至当金山口，北临河西走廊，南接柴达木盆地，由多条西北—东南走向的平行山脉和宽谷组成，山势由西向东降低，是我国西北地区著名的高大山系之一，是国家级森林生态系统自然保护区，祁连山生态环境对甘肃河西乃至西北地区的经济发展起着重要作用。

4.1 影响和风险

冰川面积、冰储水量及积雪范围呈减少趋势；湖泊、水库水域面积及内陆河年平均流量呈增加趋势（高信度）。1956 年以来祁连山冰川面积和冰储量分别减少了 12.6% 和 11.5%，其中祁连山中段的 910 条冰川面积共缩小了 21.7%，黑河流域缩小了 29.6%，北大河流域缩小 18.7%。1997 年以来祁连山积雪范围呈弱减少趋势。2001—2017 年青海湖面积呈增加趋势，其中 2001—2009 年变化平稳，2010—2012 年增速较快，2013—2015 年基本不变，2016 年后又迅速增加。2001—2017 年哈拉湖面积总体也呈增加趋势。2007—2017 年甘肃河西三大水库（红崖山水库、昌马水库、双塔水库）水域面积总体呈增加趋势。1961—2015 年河西走廊三大内陆河年平均流量呈增加趋势（高信度）。{7.3.1，7.3.2，7.3.3，图 SPM.4}

植被覆盖度和植被净初级生产力总体均呈增加趋势（高信度）。2000 年以来祁连山植被覆盖度整体呈缓慢增加趋势。植被增加区域面积为 26.59%，减少区域面积为 13.06%，尽管近年来只有不到 1/5 的区域发生了显著变化（显著增加或显著减少），且退化和改善趋势在许多区域共存，但植被改善区域面积高于退化区域面积。2000—2017 年祁连山植被净初级生产力（NPP）总体呈增加趋势，其中 NPP 稳定、增加和减少的区域分别占祁连山总面积的 59.7%、39.8% 和 0.5%（高信度）。{7.3.4，7.3.5，图 SPM.4，图 SPM.5}

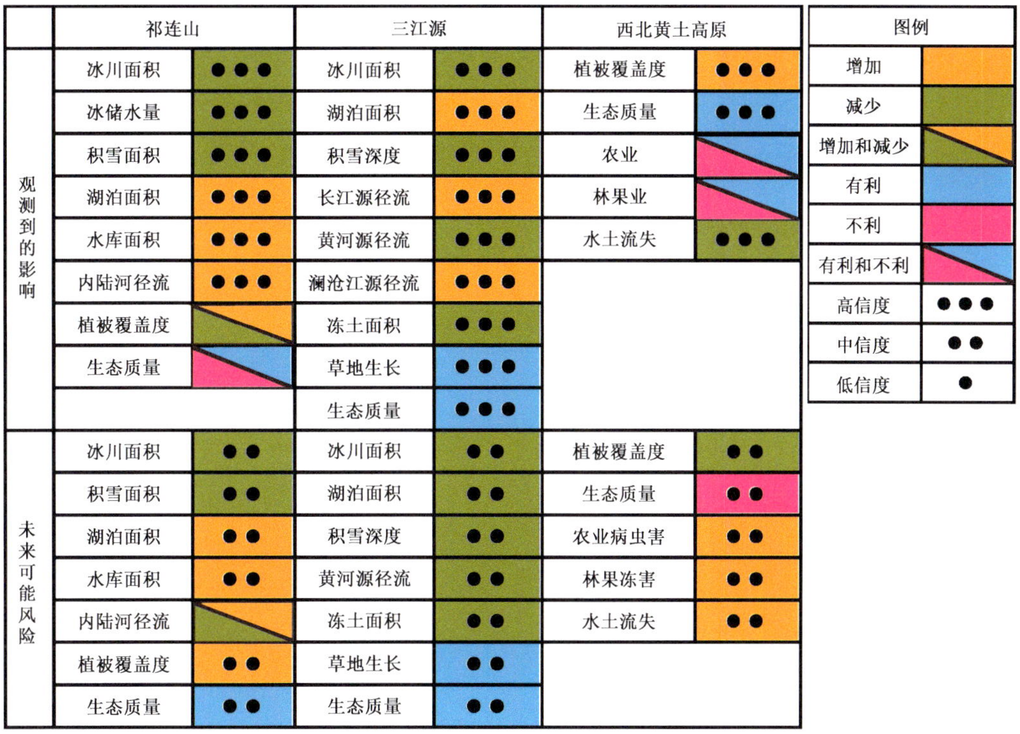

图 SPM.4 气候变化对典型区域生态环境的影响与风险

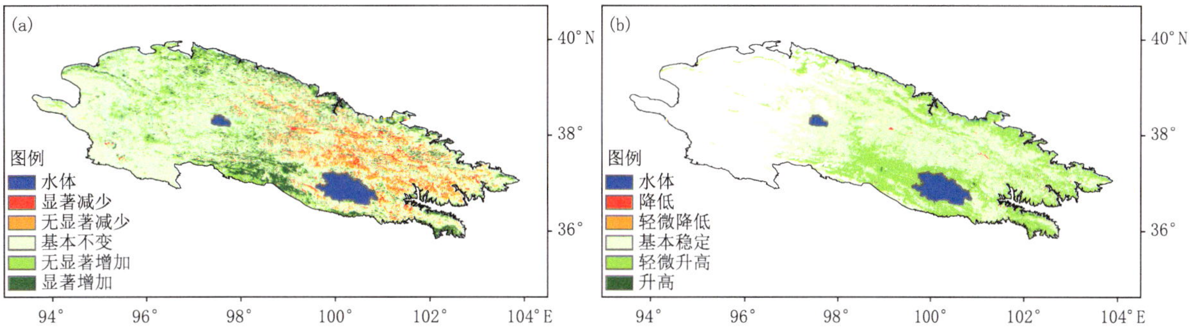

图 SPM.5 2000—2017 年祁连山植被指数(a)和植被净初级生产力(b)空间变化

未来 30 年冰川面积、冰储水量及积雪范围将继续减少；湖泊和水库水域面积继续增多，内陆河年平均流量变化不明显；植被覆盖度继续增加，生态质量继续向好(中等信度)。预计 2020—2050 年冰川冰面继续减薄，冰川继续呈萎缩态势，面积在 2 平方千米左右的小冰川将在 2050 年前后基本消失。祁连山雪线(陆地上终年积雪与夏季无雪区之间的零平衡线)继续升高，将由 4500～5100 米上升到 4900～5500 米，积雪范围继续减少。冰川和积雪消融使得湖泊和水库水域面积将继续增大。对于内陆河年平均流量而言，预计在全球 1.5 ℃和 2.0 ℃升温下，相对于 1976—2005 年，疏勒河流域增幅均为 10%，黑河流域减幅为 3%和 4%，石羊河流域在全球 1.5 ℃升温下减幅 8%，在 2.0 ℃升温下变化不明显。2020—2050

年祁连山温度升高引起热量增加产生的有利影响可能大于潜在蒸发增加带来的不利影响，加之降水增多使得植被覆盖度可能继续呈增加趋势，生态质量继续向好（中等信度）。{7.4.4，7.4.5，图 SPM.4}

4.2 应对策略和措施选择

强化气候变化规律及影响研究。①加强研究祁连山冰冻圈与水资源变化，提升对气候变化与生态系统功能的多尺度变化规律、气候变化风险及生态安全格局等重大科学问题的认知水平；②健全祁连山气候生态环境综合监测网络体系，研发气候生态监测、评估与预警技术，提升祁连山生态文明建设与气候生态安全的决策与管理能力；③定期开展祁连山生态气候环境及变化趋势的评估工作，提升生态风险评估与预警能力。

加强生态环境保护与修复。①依托第二次青藏高原综合科学考察、"一带一路"生态文明建设等大型国内国际研究计划与规划，全面实施祁连山气候生态环境调查与普查工作；②按照山水林田湖草是一个生命共同体的理念，突出生态系统整体保护和系统修复，建立产业结构调整、循环经济发展、生态移民搬迁等综合型立体化的生态保护机制；③贯彻落实党中央提出的"既要金山银山也要绿水青山"的绿色发展理念，强化祁连山生态文明建设的责任意识，加快推进祁连山国家公园建设。

加快实施人工增雨(雪)工程。①加快实施祁连山区人工增雨（雪）体系工程，科学利用空中云水资源，提高降水效率；②在"祁连山人工增雨（雪）体系工程（一期）"试验、建设的基础上，进一步提高祁连山人工影响天气能力，提升人工影响天气作业质量和效益，服务和保障祁连山生态环境恢复与保护。

5 气候变化对三江源生态环境的影响

三江源地处青藏高原腹地，是长江、黄河、澜沧江的发源地，是我国淡水资源的重要补给地，是高原生物多样性最集中地区，是亚洲、北半球乃至全球气候变化的敏感区和重要启动区，是我国青藏高原生态安全屏障的重要组成部分，在全国生态文明建设中具有特殊重要的地位，其生态环境关系到全国的生态安全和中华民族的长远发展。

5.1 影响和风险

年平均流量黄河源区减少，长江和澜沧江源区增加；湖泊面积整体扩张（高信度）。1961—2017 年黄河源区年平均流量呈减少趋势，减少率为每 10 年每秒 27.1 立方米，20 世纪 60 年代、70 年代中期到 80 年代末偏丰，60 年代末至 70 年代初、90 年代初至 21 世纪初偏枯。1961—2017 年长江源区年平均流量呈增加趋势，增加率为每 10 年每秒 13.7 立方米，进入 21 世纪，持续增加，2000—2017 年较 1961—1999 年增幅为每秒 80.9 立方米。1961—2017 年澜沧江源区年平均流量呈弱增加趋势，增加率为每 10 年每秒 0.64 立方米。进入 21 世纪后，扎陵湖和鄂陵湖面积持续增加，增加率分别为每 10 年 25.9 平方千米和 45.9 平方千米，与 2003—2016 年平均值相比，2017 年扎陵湖和鄂陵湖面积分别增加了 3.6%和 5.6%（高信度）。{8.3.2，图 SPM.4，图 SPM.6(a)}

积雪深度总体减小，积雪日数先增后减（高信度）。1961—2017 年，三江源年积雪深度整体呈弱减小趋势，减小率为每 10 年 0.1 厘米。源区东北部以及班玛、曲麻莱、沱沱河减小率为每 10 年 0.53～0.86 厘米，同仁减小最明显；五道梁、玛多及玉树大部呈增加趋势，增加率为每 10 年 0.1～0.45 厘米，其中以治多最明显。1961—2017 年三江源区积雪日数呈阶段性变化，1961—1997 年呈增加趋势，增加率为每 10 年 4.0 天，1998—2017 年呈减少趋势，减少率为每 10 年 1.4 天（高信度）。{8.3.2，图 SPM.4，图 SPM.6(b)}

冰川显著退缩，冻土显著退化（高信度）。1973—2013 年三江源主要冰川格拉丹东各主体冰川面积均出现显著退缩，2013 年与 1973 年相比，1、2、3 号冰川面积分别缩减了 17.34 平方千米、110.95 平方千米、14.75 平方千米，缩减面积分别占总面积的 8.0%、16.6%、18.0%。其中雪山东侧的冰舌比西侧退缩更严重，面积较小的冰川消融或退缩速度更快。

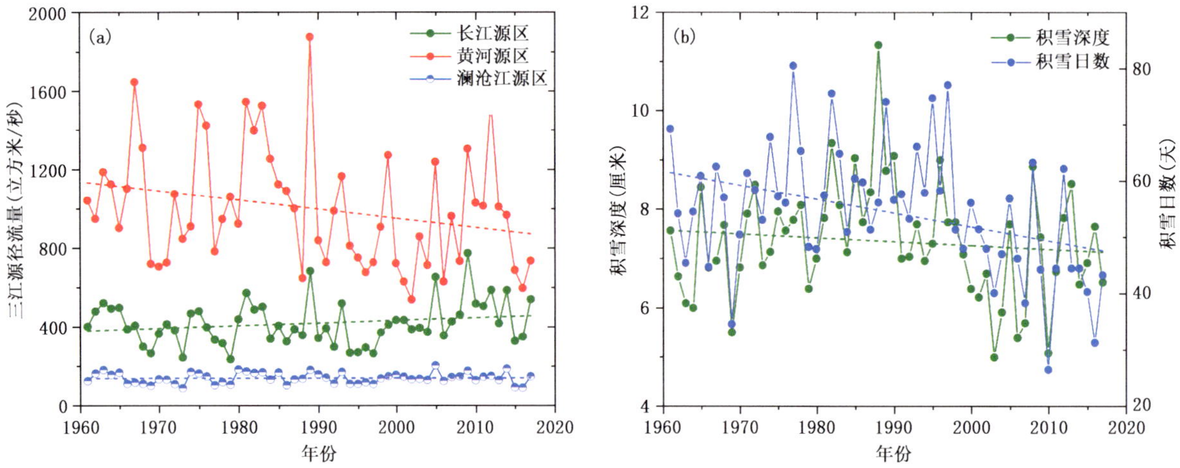

图 SPM. 6 1961—2017 年三江源径流(a)和积雪(b)变化(直线为线性拟合线)

1961—2017 年三江源区冻土深度呈显著减少趋势，减少率为每 10 年 4.2 厘米，尤其是 20 世纪 90 年代以来持续减小，1961—1992 年减小率为每 10 年 1.3 厘米，1993—2017 年减小率达每 10 年 7.1 厘米。三江源西部冻土属大片多年冻土，东部属中—深季节冻土。1961 年以来三江源区多年冻土总体呈退化趋势。1983 年以来，三江源区季节冻土深度呈显著减小趋势，减小率为每 10 年 7.0 厘米(高信度)。{8.3.1，8.3.2，图 SPM.4}

草地长势向好，植被净初级生产力增加(高信度)。2003—2017 年三江源牧草层高度年际波动较大，总体呈增加趋势，增加率为每 10 年 2.5 厘米。草地覆盖度总体也呈增加趋势，增加率为每 10 年 3.0%。1961—2017 年三江源植被净初级生产力呈增加趋势，平均每 10 年每平方米增加 21.7 克碳，大致从 2005 年开始年际变幅较小，且一直维持在较高值。从空间来看，三江源西北部增加明显，增加率为每 10 年每平方米 2.9～4.5 克碳，东南部增加较少，增加率在每 10 年每平方米 1.2 克碳以内(高信度)。{8.3.3，图 SPM.4}

未来年平均流量黄河源区和澜沧江源区减少，长江源区增加；湖泊面积整体萎缩；积雪深度减小，积雪日数减少(中等信度)。预计 2021—2050 年黄河源区和澜沧江源区年平均流量分别以每 10 年每秒 7.3 立方米和 4.2 立方米的速率减少，长江源区以每 10 年每秒 2.6 立方米的速率增加。未来随着温度持续升高，三江源区湖水面蒸发和陆面蒸散显著增加，而降水量增加不足 10%，降水对湖泊面积的正效应不足以抵消温度的负效应，因此，未来三江源湖泊面积可能呈萎缩趋势。此外，未来三江源区积雪深度将继续减小，积雪日数继续减少(中等信度)。{8.4.2，图 SPM.4}

未来冰川继续退缩，冻土继续退化；草地长势继续向好，植被净初级生产力继续增加(中等信度)。预计 2100 年冰川将减少 35%～40%，冰川面积将从现在的 1168.18 平方千米减少到 700 平方千米左右。预计到 2100 年，长江源区青藏公路沿线冻土极稳定带、稳定带和亚稳定带分布范围分别由现在的 5.6%、16.3% 和 25.5% 减少到 0.7%、3.2% 和 17.4%。多年冻土发生大范围退化，融区范围逐渐增大。预计未来草地长势继续向好，在中等排放情景下 2020—2100 年植被净初级生产力以每 10 年每平方米 3 克碳的速率增加(中等信度)。{8.3.5,8.4.2,图 SPM.4}

5.2 应对策略和措施选择

完善生态气象综合立体观测体系。①增加布设生态气象站,开展冰川、冻土、积雪、湖泊、流量等生态敏感气象要素观测;②开展三江源草原、草甸、湿地等国家级生态功能区生态系统的气象、通量、植被、物候等监测,优化高寒陆表遥感监测,建设相对完善的生态气象综合观测网络。

强化气候变化影响评估关键技术。①发展不同类型生态系统的多元卫星遥感监测应用技术,开展冰川、冻土、湖泊、湿地、草原等气候变化影响评估;②研究基于气候资源的不同类型生态系统承载力、人口承载力与服务功能承载力分析与评估技术,建立气候生态承载力评估技术体系;③发展适合于三江源气候环境特征的关键物理过程模型及参数化方案,研究全球变暖背景下,三江源气候、环境与水资源演变规律。

深入开展国家公园生态环境保护与修复。①科学确定湿地生态需水量,加强生态需水量配置和管理,通过调水引流、生态调度等措施,保障重要河流、湖泊、生态需水及重要流域枯水期的生态基流;②通过森林资源科学化管理、基础设施建设等措施,提高林地保有量、森林蓄积量和森林覆盖率,同时利用高原树线上升及山地植被森林化的趋势特征,优化调整森林资源分布。

6

气候变化对西北黄土高原生态环境的影响

西北黄土高原位于黄河中上游的晋陕峡谷以西、乌鞘岭以东，秦岭以北、长城以南的陕西北部、甘肃河东和宁夏回族自治区，面积约 45 万平方千米。属于大陆性干旱、半干旱、半湿润气候区，降水少，蒸发潜力大，干旱灾害频繁，水资源贫乏，地表覆被松散，水土流失和土地退化严重，生态环境脆弱，半个世纪以来的暖干化气候对自然生态系统和社会经济发展产生了重大影响。

6.1 影响和风险

光、热、水资源增加，农业和林果业适宜种植区域扩大、产量增加(高信度)。1961 年以来西北黄土高原光照资源增加，年日照时数增加率为每 10 年 10.0～30.0 小时。1961—2017 年≥0 ℃和≥10 ℃的积温增加率分别为每 10 年 88.6 ℃・日和 86.3 ℃・日。21 世纪初以来降水显著增加。随着光、热、水农业气候资源的增加，西北黄土高原小杂粮、大棚蔬菜、马铃薯等特色农作物和苹果适宜种植区域扩大，产量大幅增加(高信度)。{9.3.4，图 SPM.4，图 SPM.7(a)}

植被覆盖度和净初级生产力增加(高信度)。2000—2015 年西北黄土高原植被覆盖度总体呈增加趋势，增加率为每 10 年 23.8%，且夏、秋两季增加显著。2000 年区域大部植被覆盖度较低，甘肃陇东及陇中、宁南仅为 10%～20%，陕北黄土高原沟壑区为 20%～30%，渭河流域及陇东南为 50%；2015 年植被覆盖度明显增加，甘肃陇东、陇中一带、宁南达到 20%～30%，陕北黄土高原沟壑区达到 30%，渭河流域达到 60%。2000—2015 年植被净初级生产力呈增加趋势，增加率为每 10 年每平方米 50～100 克碳，其中宁北、陕北北部长城沿线、关中渭河流域增加率相对较少，陇东、宁南、陕北南部和渭北黄土高原沟壑区增加相对明显(高信度)。{9.3.1.1，9.3.1.2，图 SPM.4，图 SPM.7(b)}

土壤侵蚀强度下降，水土流失程度减轻(高信度)。2000 年以来西北黄土高原植被覆盖度增加，土壤侵蚀强度显著下降，进而使得水土流失呈减少趋势，黄土丘陵沟壑区和高塬沟壑区的陕西榆林、延安，甘肃庆阳、定西、白银和宁夏固原、甘肃平凉等六盘山一带 2000—2010 年土壤侵蚀强度以每 10 年每公顷 10～30 吨的速率减少，黄河潼关水沙量持续减少，

2000—2012 年潼关水文站年均输沙量 2.76 亿吨，较 1919—1959 年平均值减少 82.7%(高信度)。{9.3.5,图 SPM.4}

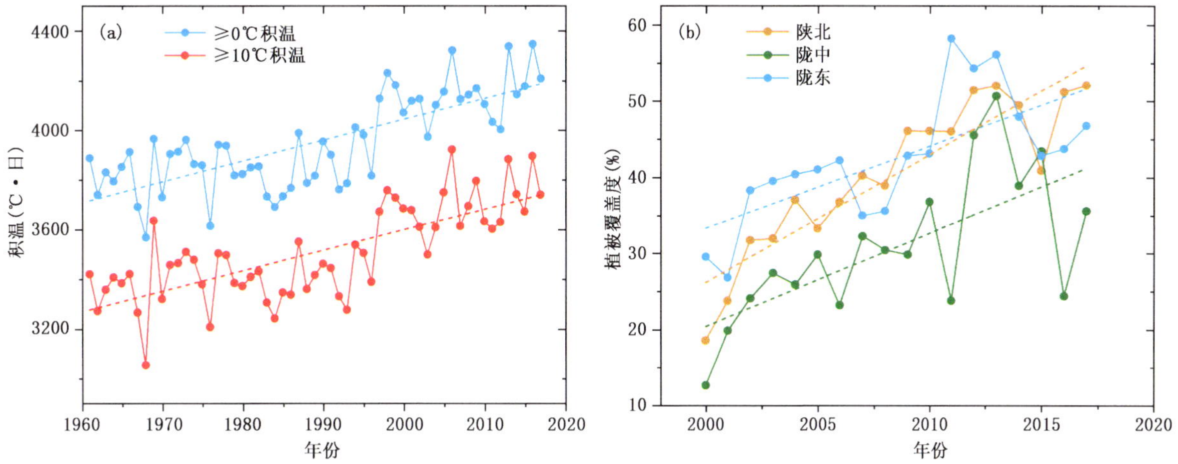

图 SPM.7　西北黄土高原积温(a)和植被覆盖度(b)变化(直线为线性拟合线)

未来果树遭受花期冻害、特色农作物遭受病虫害、植被覆盖度和净初级生产力减小及水土流失加重的风险均增大(中等信度)。预计到 21 世纪末西北黄土高原平均气温将升高 2.0 ℃左右，增暖使得苹果生长期继续延长，花蕾期、开花期、坐果期提早，果树遭受花期冻害的风险增大。此外，冬季的显著增暖，有利于农业害虫及病原菌越冬，未来特色农作物遭受病虫害的风险也会增大。预计 2020—2098 年西北黄土高原年最长连续无雨日数年际变率较大(在 35～55 天)，温度升高将进一步加剧干旱的发生，植被覆盖度和净初级生产力减小的风险均增大。同时，区域性暴雨、大暴雨等强降水增加可能易诱发中小河流洪水、滑坡和泥石流等地质灾害，水土流失加重、黄河水沙量增大的风险较大(中等信度)。{9.3.5,图 SPM.4}

6.2　应对策略和措施选择

调整农业产业结构，优化农业生产布局。①调整小杂粮、马铃薯等特色作物的耕作制度，加强农业生产管理措施，改善农业基础设施，减缓气候变化的不利影响；②加强培育和选用抗逆作物品种，提高农业稳产增收技术；③合理配置水资源，发展节水农业，保护和改善生态环境，提高旱区农业的适应能力。

加大生态环境治理，推进生态工程建设。①遵循自然规律，统筹推进山水林田湖草沙综合治理，加强长城沿线风沙区和黄土高原生态屏障林建设；②继续实施退耕还林(草)工程，因地制宜，宜林则林，宜草则草，持续增加林草植被覆盖率和水土保持功能林；③加快河流、水库防洪治理工程体系建设，通过土地平整、建立水库堤坝、修筑梯田等措施进行综合治理，有效减少水土流失。

加强自然灾害客观认识，提升灾害风险防范能力。①优化调整现有气象站网布局，增强灾害性天气监测能力。②加强干旱、暴雨等灾害性天气预警技术研发，提升灾害性天气的预警水平。③开展干旱、暴雨等自然灾害综合风险普查，客观认识和评价自然灾害的危险性水平，建立自然灾害综合风险区划。④建立防雹增雨作业示范区，加强作业效益评估，增强科学利用云水资源和防御冰雹灾害能力。

附录

重要概念

距平：气候要素值与多年平均值的偏差，高于平均值为正距平，低于平均值为负距平。

气候变化：气候系统状态在数十年或百年甚至更长时间尺度上的变化，而且这种变化可以通过其特征的平均值和/或变率的变化予以识别。

气候变化评估：对特定地区在某段时期气候状态的改变及其自然和人为原因进行辨识、分析和评价的过程。

气候变化预估：根据一些假设条件对未来的气候演化趋势及其可能性的判断，特指依据不同的温室气体和气溶胶排放或大气浓度的可能情景，利用气候模式对未来十几年到上百年的气候变化趋势的模拟和分析。

极端天气气候事件：天气或气候变量值高于(或低于)该变量观测值区间的上限(或下限)端附近的某一阈值时的事件，其发生概率一般小于10%。

极端降水：当某降水指标不低于其对应的阈值时，则定义为一次极端降水事件。在本摘要中，特指日降水量发生概率小于5%的强降水事件。

极端高(低)温：当某日最高(低)气温不低(高)于极端高(低)温阈值时，则定义为一次极端高(低)温事件。本摘要中，特指日最高(低)气温发生概率小于5%的温度事件。

干旱：采用中华人民共和国国家标准《气象干旱等级》(GB/T 20481—2017)中推荐使用的气象综合干旱指数MCI。综合干旱指数MCI≤－0.5记为一个干旱日。

暴雨：日降水量≥50毫米记为一个暴雨日。

大风：凡出现瞬时风速达到或超过17.0米/秒(目测估计风力达到或超过8级)的当天作为一个大风日统计。

沙尘暴：一天中凡出现能见度<1千米沙尘暴天气现象时统计为一个沙尘暴日。

归一化植被指数：在遥感影像资料中，取近红外波段的反射值与红光波段的反射值之差与两者之和的比值，是植被生长状况的植被覆盖度的指示因子，无量纲，作为卫星遥感监测植被和生态环境变化的有效指标，可以很好地反映地表植被的繁茂程度，客观反映植被生态情况。

净初级生产力：单位时间和单位面积上绿色植物通过光合作用所积累的有机干物质总量，是总初级生产力中减去自养呼吸消耗之后的剩余部分。

农业灾害综合损失率：$I_A = I_3 \times 90\% + (I_2 - I_3) \times 50\% + (I_1 - I_2) \times 20\%$，其中 $I_1 = (D_1/A) \times 100\%$，$I_2 = (D_2/A) \times 100\%$，$I_3 = (D_3/A) \times 10\%$，式中：$I_A$ 是农业灾害综合损失率，该指标表示了某个区域农业灾害的总体灾损程度；I_1、I_2 和 I_3 分别是受灾率、成灾率和绝收率；D_1、D_2 和 D_3 分别是受灾面积、成灾面积和绝收面积，单位为平方千米；A 为农作物总种植面积，单位为平方千米。

致　谢

感谢中国气象局气候变化专项（CCSF201824、CCSF201913、CCSF202010）的支持；感谢中国气象局科技与气候变化司、国家气候中心、中国气象科学研究院、中国农业科学院、中国科学院地理科学与资源研究所及中国21世纪议程管理中心的专家在《决策者摘要》结构设计、选题、数据支撑和撰写中给予的指导和建议；感谢中国科学院西北生态环境资源研究院、兰州大学、甘肃省发展和改革委员会、甘肃省应急管理厅、甘肃省生态环境厅、甘肃省农业农村厅等部门专家提出的中肯意见和建议；感谢气象出版社的编辑，他们的耐心和热心，认真负责的专业精神是《决策者摘要》能高质量出版的保证。